SPACE STATION ACADEMY

太空学院
飞向太阳

[英]**萨利·斯普林特** 著

[英]**马克·罗孚**绘　**罗乔音** 译

中信出版集团｜北京

图书在版编目（CIP）数据

飞向太阳 / （英）萨利·斯普林特著；罗乔音译；
（英）马克·罗孚绘 . — 北京：中信出版社，2025.1.
（太空学院）. — ISBN 978-7-5217-7219-7

Ⅰ . P182-49

中国国家版本馆 CIP 数据核字第 2024UN5890 号

Space Station Academy: Destination the Sun

First published in Great Britain in 2023 by Wayland

© Hodder and Stoughton Limited, 2023

Editor: Paul Rockett

Design and illustration: Mark Ruffle

Simplified Chinese translation copyright © 2025 by CITIC Press Corporation

ALL RIGHTS RESERVED

本书仅限中国大陆地区发行销售

飞向太阳
（太空学院）

著　　者：〔英〕萨利·斯普林特
绘　　者：〔英〕马克·罗孚
译　　者：罗乔音
出版发行：中信出版集团股份有限公司
　　　　　（北京市朝阳区东三环北路 27 号嘉铭中心　邮编　100020）
承 印 者：北京瑞禾彩色印刷有限公司

开　　本：787mm×1092mm　1/16　　印　　张：24　　　字　　数：960 千字
版　　次：2025 年 1 月第 1 版　　印　　次：2025 年 1 月第 1 次印刷
京权图字：01-2024-3958
书　　号：ISBN 978-7-5217-7219-7
定　　价：148.00 元（全 12 册）

图书策划　巨眼
策划编辑　陈瑜
责任编辑　王琳
营　　销　中信童书营销中心
装帧设计　李然

版权所有·侵权必究

如有印刷、装订问题，本公司负责调换。

服务热线：400-600-8099

投稿邮箱：author@citicpub.com

目录

本书人物

波特博士

莎拉

麦克

星

莫莫

乐迪

目的地：太阳

欢迎大家来到神奇的星际学校——太空学院！在这里，我们将带大家一起遨游太空。快登上空间站飞船，和我一起学习太阳系的知识吧！

但同学们还在考虑别的事情。

刷牙必须刷够两分钟，才可以出去见人。

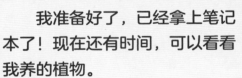

我准备好了，已经拿上笔记本了！现在还有时间，可以看看我养的植物。

今天，太空学院正在接近太阳。太阳是太阳系中心的一颗巨大的恒星。波特博士起得很早，已经准备好带大家参观太阳了。

只要把这一段吹好。

我们的课快开始了。我只需要把笔记整理好，等会儿我们还需要进太空飞机。莫莫，同学们准备好了吗？

好吧，不是所有同学都准备好了。

呼——

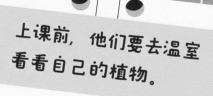

上课前，他们要去温室看看自己的植物。

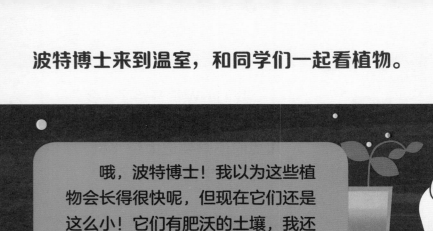

波特博士来到温室，和同学们一起看植物。

哦，波特博士！我以为这些植物会长得很快呢，但现在它们还是这么小！它们有肥沃的土壤，我还浇了足够的水。为什么会这样？

你说得对，植物生长需要水、土壤、空气，但是别忘了，它们还需要光。

光

氧气

沙拉

水

看这片绿叶。它的颜色来自叶绿素，叶绿素可以从阳光中吸收能量，将水和二氧化碳合成碳水化合物，并释放氧气。这个过程叫"光合作用"。

看来做一棵植物还挺辛苦的。

太阳为地球提供光和热。地球的大气层可以留存这些能量，使海洋变暖，这有助于降雨。

这些都能促进植物生长，植物又可以供动物和人类食用。所以说，如果没有足够的阳光，地球恐怕就只是一颗没有生命的岩质行星了。

快九点了，波特博士。今天的课可以开始了。

那如果我多晒太阳，会长得更高吗？

这儿太黑了。我们的植物需要多晒太阳！

别担心，同学们，今天我们还要晒很多太阳呢。莫莫，把飞船掉个头，我们来获取一些太阳能。

课堂上，有人还没来。

麦克还在睡，我叫不醒他。

没关系，我们先不等他了。同学们，你们知道哪些关于太阳的知识？

太阳是我们所在的太阳系的中心，各大行星都绕着它转。

太阳是恒星，而不是行星。它是太阳系中最大的恒星，但在宇宙中更远的地方，还有更大的恒星。

太阳是怎么形成的，波特博士？

太阳是由什么构成的？

太阳

氦

氢

氢原子

大约在 46 亿年前，太阳开始形成。一团巨大的尘埃和气体云聚集在一起，不断旋转，形成太阳星云。

引力使旋转的物质收缩、变平，然后继续旋转，看起来就像一个巨大的煎饼。

旋转的圆盘在它的中心聚集了更多尘埃和气体，直到原恒星形成。原恒星就是太阳的雏形。有些尘埃随着旋转到了更远的地方，变成了其他行星。

随着原恒星的成长，它也在升温，变得越来越大、越来越热。太阳直到今天还在膨胀。

太阳主要由氢和氦两种气体构成。

氢是太阳的燃料。温度达到 1 500 万摄氏度时，氢原子会在这种条件下发生核聚变反应，结合成氦，并通过光与热释放能量。

孩子们！我们等会儿就要出去，亲眼看看那巨大的、燃烧的美丽火球。如果我们要在阳光明媚的时候出门，需要注意什么？

涂防晒霜！不保护皮肤的话，会被太阳晒伤的。

还需要遮阳帽，遮住脑袋和脸。

嗯，这防晒霜闻起来好香啊。是水果味的！

我戴这个帽子丑丑的。

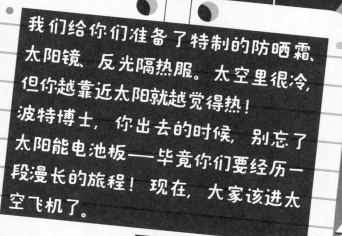

我们给你们准备了特制的防晒霜、太阳镜、反光隔热服。太空里很冷，但你越靠近太阳就越觉得热！波特博士，你出去的时候，别忘了太阳能电池板——毕竟你们要经历一段漫长的旅程！现在，大家该进太空飞机了。

直视太阳会伤害我们的眼睛。在明亮的阳光下，我们需要太阳镜来保护眼睛。

这太阳镜不够酷啊，莫莫！

我们出去的时候，记得帮我们照看瞌睡的麦克！

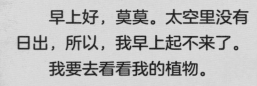

与此同时，麦克终于起床了！

早上好，莫莫。太空里没有日出，所以，我早上起不来了。我要去看看我的植物。

说得没错，麦克。在太空中，太阳就停在一个位置。不像在地球上，太阳每天早上都会升起并照亮天空。

地球绕着地轴自转，朝向太阳的一面处于白天，背对太阳的一面处于黑夜。

太阳

地轴

白天

黑夜

太空中，太阳附近。

同学们，关于太阳，你们还有什么问题吗？

太阳光到达地球要花多长时间？

太阳发出的光大约需要8分钟左右才能到达地球。光的运动速度叫"光速"，可达每秒 299 792 458 米。

8分

光沿直线传播。如果某个物体挡住了它的路，物体后面就会产生一片阴影。

我们可以接近太阳。太阳距离地球有 1.5 亿千米左右。如果不想被烤熟的话，我们最近可以到达距离太阳 616 万千米的地方。

在不被太阳烤化的前提下，我们能离多近？

我们一定要靠得那么近吗？

太空学院外。

地球

飘浮在太空中，擦窗户太难了。

所以，波特博士，太阳到底有多大？

太阳的直径有 139.2 万千米，是地球的 109 倍。

太阳

太阳包含了太阳系 99.8% 的物质。所以，如果你把太阳系中其他的天体，包括行星、小行星、彗星等加在一起，也只占太阳系质量的 0.2%。可见太阳有多大！

← 太阳系其他的物质

热能

能量

这也太震撼了！

不过，与其他恒星相比，太阳不是最大的。

在天文学上，太阳是一颗G型主序星，或称G型黄矮星。它实际上是白色的，不过，我们从地球上看它时却是黄色的。

参宿四，或称"猎户α"，是一颗红色超巨星，位于猎户座。参宿四十分明亮，我们可以清楚地看到它在夜空中闪耀。

天狼星，或称"大犬α"，是夜空中最亮的恒星。

南门二，或称"半人马α"，是离太阳最近的恒星系统。它比太阳稍微大一点，也更亮一点。

我在书中看到，科学家会根据恒星表面的温度、颜色或大小给恒星分类，包括超巨星、巨星和矮星。

你知道吗？恒星变老的同时，也会变大。当恒星中的氢耗尽时，恒星会变大，同时也变得更冷、更红。

16

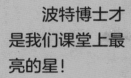

波特博士才是我们课堂上最亮的星！

参宿七，或称"猎户β"，是一颗蓝色超巨星，也在猎户座。

大多数恒星附近都有伴星，有时伴星不止一颗，而是三或四颗组成的星团。我们的太阳孤零零的，但也许它曾经也有过一个伴星朋友。

我的水越来越少了。

我们离太阳比较近，所以你桶里的水一直在蒸发。我再去拿点儿水！

照这个速度，我永远也擦不完！

科学家把太阳由内到外分成了七层。内部结构分三层，外部结构分四层。

太阳最中间的部分是日核。日核的温度大约是 1 500 万摄氏度，氢原子在这里聚变为氦原子，并产生能量。这种能量穿过太阳各层到达太空，可能需要长达 10 万年的时间。

日冕是太阳的最外层。日食期间，月亮遮住太阳时，日冕环绕在月球的阴影周围，这是我们最能看清它的时候。

光听着这些，我都感觉到热了！

太阳

月亮

热能

太空学院外，麦克擦完了窗户。

完工了！窗户现在超级闪亮！

不知道他们现在在干什么，希望他们快点儿回来。

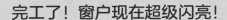
日核

波特博士！快看仪表盘！！

快进来吧，麦克。

19

哦，是的！莫莫提醒过我。我差点儿忘了！

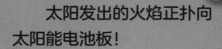

太阳发出的火焰正扑向太阳能电池板！

那是太阳耀斑。太阳会向太空发射太阳耀斑和太阳风，这二者会损坏人造卫星和电气设备。地球周围有磁场保护，受磁场影响，太阳风到达两极时，会在天空中产生极光。

我看到极光了！

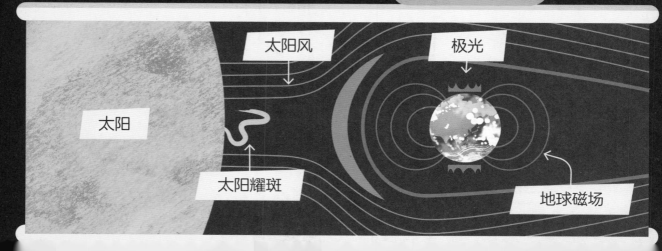

太阳风

极光

太阳

太阳耀斑

地球磁场

植物晒了晒太阳，看起来精神多了！现在我可以稍微躺下歇会儿，等其他人回来了。

波特博士和同学们回来了。

欢迎大家回来！麦克在温室看植物呢。

哇！波特博士，它们长大了很多！

我想知道，晒了这么久的太阳，植物有没有长高点儿？

门卡住了！帮我推一推！

是啊，太阳的力量十分神奇，能让万物生长旺盛！

麦克，你错过了参观，太遗憾了。你真应该近距离看看太阳，太壮观了！

麦克擦窗户擦得太干净了。窗户都在闪光！

嗨！

麦克，这些植物看上去很开心呢。

嘿，伙计们，救救我！

太空学院的课外活动

太空学院的同学们参观了太阳之后，产生了很多新奇的想法，想要探索更多事物。你愿意加入他们吗？

波特博士的实验

看看阳光是怎么帮植物生长的。

材料

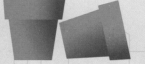

3 个小花盆

土壤

种子，如水芹、豆类或向日葵的。为了让种子"公平"竞赛，最好用一种种子。

方法

· 在花盆里装满土壤，每个花盆里种两颗种子。
· 往花盆里浇一点水。
· 把花盆放在不同的地方—— 一个阳光充足，一个只在一段时间内阳光充足，另一个放在阴凉处。
· 每两天浇一次水，看看结果如何。

记录情况

你认为植物的生长会受到阳光照射时长的影响吗？记录下每种种子的生长情况。

植物长得怎么样？

每种种子之间有什么不同？

麦克了解的太阳小知识

如果想把太阳填满，需要130万个地球。

乐迪的太阳小游戏

在盘子上做一个"水果太阳系"，请朋友一起来吃吧！

土星

木星

太阳

天王星

火星

海王星

地球

水星

金星

星的太阳数学题

哪个行星绕太阳公转的速度最快？哪个最慢？运行速度最快、最慢的行星，都有什么特点？

行星	公转一圈时间
水星	88 天
金星	225 天
地球	365 天
火星	687 天
木星	4 333 天
土星	10 759 天
天王星	30 687 天
海王星	60 148 天

莎拉的太阳图片展览

欢迎来到我的超级太阳图片展。

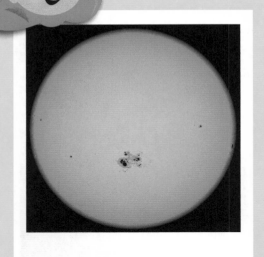

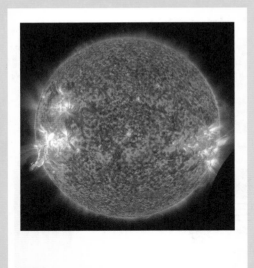

太阳黑子是太阳表面温度较低的区域，它不会存在太久。你知道这张图中有多少太阳黑子吗？

从这张照片可以看出，太阳表面不是静止的，而是一直在旋转、移动。

莫莫的调研项目

了解一下恒星的生命周期吧！恒星会不断燃烧，产生能量，当燃料渐渐耗尽时，恒星进入红巨星阶段。红巨星的核心继续收缩，最终形成白矮星。图上这颗是白矮星，是一颗能量耗尽的恒星。

有时，太阳表面会突然爆发，将惊人的太阳耀斑射向太空！

波特博士告诉我们，恒星有时是成对出现的。假如我们有两个太阳，这将是我们在地球上看到的景象。想象一下吧！

数学题答案

水星最快，海王星最慢。公转时间取决于行星与太阳的距离。距离越远，轨道越长，公转一周的时间越长。

词语表

大气层：环绕行星或卫星的一层气体。

恒星：太空中由炽热气体组成、能自己发光、发热的天体。

彗星：当靠近太阳时能够较长时间大量挥发气体和尘埃的一种小天体。

太阳能电池板：将太阳能转化为电能的装置。

太阳系：由太阳以及一系列绕太阳转的天体构成。

卫星：围绕行星运转的天然天体。

星云：太空中的云雾状天体。

引力：将一个物体拉向另一个物体的力。

轴：物体（比如行星）绕着一根虚构的线旋转，这根线就是轴。